轻松打造
宝贝的明星范

主编 谭阳春

U0248001

3~6 岁

辽宁科学技术出版社

· 沈阳 ·

本书编委会

主　编　谭阳春
编　委　廖名迪　宋敏姣　贺梦瑶　李玉栋

图书在版编目（CIP）数据

轻松打造宝贝的明星范：3~6 岁 / 谭阳春主编. ——
沈阳：辽宁科学技术出版社，2012.10
　ISBN 978-7-5381-7612-4

　I. ①轻…　II. ①谭…　III. ①儿童—服饰美学　IV.
① TS976.4

中国版本图书馆 CIP 数据核字（2012）第 176918 号

如有图书质量问题，请电话联系
湖南攀辰图书发行有限公司
地址：长沙市车站北路 236 号芙蓉国土局 B 栋 1401 室
邮编：410000
网址：www.penqen.cn
电话：0731-82276692　82276693

出版发行：辽宁科学技术出版社
　　　　　（地址：沈阳市和平区十一纬路 29 号　邮编：110003）
印 刷 者：湖南新华精品印务有限公司
经 销 者：各地新华书店
幅面尺寸：200mm × 225mm
印　　张：7
字　　数：100 千字
出版时间：2012 年 10 月第 1 版
印刷时间：2012 年 10 月第 1 次印刷
责任编辑：王玉宝　攀　辰
摄　　影：何　山
封面设计：多米诺设计·咨询　吴颖辉
版式设计：攀辰图书
责任校对：合　力

书　　号：ISBN 978-7-5381-7612-4
定　　价：28.00 元
联系电话：024-23284376
邮购热线：024-23284502
淘宝商城：http://lkjcbs.tmall.com
E-mail：lnkjc@126.com
http：//www.lnkj.com.cn
本书网址：www.lnkj.cn/uri.sh/7612

PREFACE
前言

　　一个人的穿着，代表着整体的形象；而一个人要怎样装扮，则代表了整天的心情。不管是端庄大方的经典风格、变化万端的前卫风格，还是休闲动感的运动风格、精致浪漫的优雅风格，或者是简洁大气的都市风格、自然和谐的田园风格以及充满校园气息的学院风格，每一种风格都张扬出不凡的个性，每一种色彩都诠释出不一样的气息。

　　而孩子的穿衣色彩对孩子的性格、情绪、审美、创造力等方面都具有决定性的作用。选对了孩子敏感和喜爱的色彩，可以带出孩子的良好心情，培养出积极向上的性格。和谐的色彩搭配会让孩子从小就懂得美丽来自于和谐，而不同的色彩搭配在一起会启发孩子的创造力，并激发出对生活的热情。如果大人们对孩子的穿衣色彩还停留在女生粉红的认识上，那么，请赶紧打开《轻松打造宝贝的明星范：3~6岁》来寻找一些灵感，让每天的穿衣打扮成为一种艺术。

　　《轻松打造宝贝的明星范：3~6岁》这本书教你如何给孩子装扮，其中包括如何看天气选衣服，如何根据孩子不同的年龄打造出属于孩子们的穿衣风格，更写出了如何鉴别童装的安全性以及教你如何正确地识别童装标签，这些都是家长不容忽视的，本书会一一教你如何提防这些日常中常见的问题，全力给宝贝营造一个自然、和谐、安全、健康、舒适的童年！

CONTENTS 目录

第4章
实用百搭单品

第5章
12 星座
孩子穿衣风格大揭秘

第6章
春夏秋冬各不同
妈妈巧应对

第7章
实用小知识
妈妈须知道

第1章
美丽热身
孩 / 子 / 装 / 扮 / 准 / 备

挑选美衣
先看天气

　　给孩子穿什么样的衣服、穿多少衣服往往是父母最头疼的事情，多穿少穿对孩子来说都不好，那么，到底该怎么选择呢？

　　很显然，生活所在地区的天气是决定爸爸妈妈怎么选择孩子衣服的关键因素之一，亲爱的爸爸妈妈这个时候可以和其他的父母交流一下，或者观察别的孩子怎么穿，这可是又直接又便捷的办法。

　　有些爸爸妈妈怕孩子冻着，会在比较热的天气也给孩子穿很多，其实这样是没必要的，最好的办法是：您穿多少就给孩子穿多少，如果您觉得暖和，孩子也可能是这样觉得的。天气寒冷的时候，如果把孩子带进温室里面，记得给孩子松开或脱掉一些衣物，比如说开着空调的家里或者购物中心，爸爸妈妈已经热得脱掉了外套，却把孩子捂得很严实，这样孩子反而容易生病。

碎花田园装

在令人沉闷而烦躁的天气，明亮跳跃的色彩以及碎花图案的点缀，都能让孩子瞬间变得田园风十足！

蕾丝黄色套装

明媚的天气，怎能少了阳光般的色彩呢。充满活力的黄色以及跳跃的蓝色，能给孩子带来春天的感觉！

服装
早准备

　　清早起床最伤脑筋的就是找衣服，这件衣服怎样搭配好看？那条裤子要搭配什么鞋子？如果能在睡觉之前事先准备好明天要穿的衣服，可以省去很多时间！

　　准备衣服的时候，亲爱的妈妈不要着急，一件一件地来准备，根据你们要去的地方准备衣服和鞋子，如果是出去游玩，那当然是以宽松舒适为好。如果是去上学，那就应该选择比较学院一点的搭配，总之一句话，什么样的场合就准备什么样的服装配饰。

　　明亮、清爽的蓝色，散发出小女孩清新自然的天性，可爱的田园风格元素与春季的景象融为一体，打造出邻家女气息。米色的裤子简单百搭，再加上一双带小翅膀的鞋子，这个春季伴随孩子飞翔在蓝天中！

不同的装扮
会影响孩子的心情

　　沉闷、无条理的搭配，不仅穿着不舒服，更会直接影响到孩子的心情。清新、自然的衣服，会让孩子有更多轻松舒适的感觉。而亮丽多彩的衣服，则能彰显孩子活泼的天性。

　　研究发现，粉色、淡黄色、浅绿色能使人感到轻松和愉快，可以作为孩子衣服的基本色调。红、橙、黄等颜色属于暖色组，暖色常与热力、阳光等概念相联系，容易使人产生兴奋、热情等感觉，暖色能反射较多的光线，在视觉上可以放大事物的外形，因此，暖色宜作为衣服上适当的点缀。纯白色和纯黑色的衣服不宜给孩子购买，因为黑色容易使人疲劳、沮丧。白色虽然看起来干净、有条理，但可能使孩子感到紧张，对孩子形成活泼开朗、乐观向上的性格有一定的影响。

复古休闲套装

　　鲜明的黄色长衫，提升了整套服装的明亮度，彰显出活泼的气息。精致的圆领花纹设计，打造出品质感。搭配一款充满田园风格的裤子，甜美中不失可爱，清新而又自然。选择黄色的休闲鞋搭配，亮丽的颜色，更能为整套搭配加分。

第2章
让孩子漂亮

妈/妈/一/定/要/学/会/的/妙/招

让孩子漂亮第一招：
给孩子适合年龄、生长发育的打扮

孩子穿衣服应注重：

1. 幼儿的皮肤娇嫩，在选购时一定要注意"软"字当头。

2. 选用柔软的棉布或棉质绒布制成的衣服，这样不会擦伤孩子的皮肤。

3. 幼儿生长发育较快，服装宜大不宜小，过小的衣服会使孩子不舒服，影响孩子的生长发育。

4. 衣服要方便脱换、式样简单，这样就不会因为穿脱衣服费时间而使孩子着凉。

5. 孩子服装的色彩要鲜艳秀丽，学龄前孩子对色彩已有了感知和要求，明亮的色彩以及卡通图案会引起孩子的穿着兴趣，给孩子带来无限的快乐。

蛋糕与条纹的碰撞

独特的设计，打造出整体张扬而不夸张的风格。褶皱的元素，彰显流行气质范。加入可爱的卡通图案，增添童趣、童真气息，视觉上尽显活泼自然的感觉。

卡通与花边的童年

可爱的T恤总是能给孩子带来更多的快乐，搞怪的卡通图案设计充满了童趣感，肩部的荷叶元素彰显公主般的气质与时尚风范。选择亮丽的蓝色裤子，简洁的款式却散发出不凡的大气，一双轻巧的鞋子，给孩子更多的舒适感。

让孩子漂亮第二招：
孩子衣服的装饰品不能太多

为孩子选择衣服时，一定不能太复杂。要点缀得恰到好处，看上去不会啰唆，穿着舒适、美观。饰品太繁杂容易刺到孩子的皮肤，孩子穿上会有压迫感，不舒适。如果让活泼好动的孩子戴着过多的装饰品爬、跑、跳、攀登、做游戏，不仅孩子的活动将会受到限制，在孩子游戏的过程中还可能因为这些装饰品致使孩子受伤，即使孩子自己能很好地避免伤害，但活动过程中的畏手畏脚就会让孩子的自然美立刻减色，而且孩子因为过多关注自己服饰和避免伤害，在游戏过程的乐趣也会大大减弱，影响孩子的身心健康发展。

虽然是一套很简单的搭配，但是设计师适当地在衣服上加入流行的小圆领元素，既不会单调，又会让人看上去感觉很舒适。

让孩子漂亮第三招：
孩子服装的色彩
要鲜明、协调

衣服的色彩就像心情一样，给孩子选择鲜明亮丽的色彩，会凸显出孩子天真、活泼的天性。无论是对比色的跳跃搭配，还是邻近色的协调搭配，都能给孩子不同的风格！

给孩子选择衣服色彩时，首先要从外在的形体及肤色上做判断。

如果是一个肤色较暗的小女孩，应首选高明度、高纯度、色彩鲜艳的服装，这样的衣服穿着会显得精神、醒目；如果这个小女孩肤色亮一些的话，那么她对色彩的选择范围就宽一些，穿粉色、黄色、红色，人会显得活泼靓丽，即使是穿灰色或者黑色，人也会显得清秀、雅致，给人一种舒服自然的感觉。

在注重色彩与孩子的肤色相适应的同时，还要注意孩子的体形与童装色彩搭配。

如果是一个比较胖的孩子，选冷色或深色的服饰比较合适，比如：灰、黑、蓝等冷色或暗色的衣服，因为这样穿起来有收缩作用，可以弥补这个孩子体形上面的缺陷；如果孩子是比较瘦弱的，那么我们可以给她选择一些暖色的衣服，如绿色、米色、咖啡色等，这些颜色是向外扩展的，能给人们一种膨胀的感觉。

当然，童装的配色是没有固定模式的，过分的程式化会显得呆板，没有生气，但变化太多了，又容易显得很杂乱，唯一的宗旨是配色美、好看，让大家看着舒服，让穿着的孩子漂亮。

欢乐的童年

　　两种色彩的对比，明亮、跳跃，卡通的
图案，提升童趣气氛，圆点短裤不失可爱、
活泼感，像在诉说着春季的美丽童话故事！

单色童装的四大搭配方法

1.白色的搭配原则

白色可与任何颜色搭配，但要搭配得巧妙，也需费一番心思。

白色下装配条纹的淡黄色上衣，是柔和色的最佳组合；下身着象牙白长裤，上身穿淡紫色西装，配以纯白色衬衣，不失为一种成功的配色，可充分显示自我个性；象牙白长裤与淡色休闲衫搭配，也是一种成功的组合；白色褶皱裙配粉红色毛衣，给人以温暖飘逸的感觉；红白搭配是大胆的结合，上身着白色休闲衫，下身穿红色窄裙，显得热情潇洒。在强烈对比下，白色的分量越重，看起来越柔和。

白上衣
+ 蓝色休闲垮裤

白色的上衣搭配蓝色裤子，既清爽又清新，视觉上给人一种舒适自然的感觉，巧妙地搭配一双蓝色亮皮单鞋，会有一种运动的炫酷与动感。

2. 蓝色的搭配原则

　　在所有颜色中，蓝色服装最容易与其他颜色搭配。不管是近似于黑色的深蓝色，还是浅蓝色，都比较容易搭配，而且蓝色具有紧缩身材的效果，极富魅力。

　　生动的蓝色搭配红色，使人显得妩媚、俏丽，但应注意蓝红比例适当。近似黑色的蓝色合体外套，配白衬衣，再系上领结，出席一些正式场合，会使人显得神秘且不失浪漫。曲线鲜明的蓝色外套和及膝的蓝色裙子搭配，再以白衬衣、白袜子、白鞋点缀，会透出一种轻盈的妩媚气息。上身穿蓝色外套和蓝色背心，下身配细条纹灰色长裤，呈现出一派素雅的风格。因为，流行的细条纹可柔和蓝灰之间的强烈对比，增添优雅的气质。蓝色外套配灰色褶裙，是一种略带保守的组合，但这种组合再配以葡萄酒色衬衫和花格袜，显露出一种自我个性，从而变得明快起来。蓝色与淡紫色搭配，给人一种微妙的感觉。蓝色长裙配白衬衫是一种非常普通的打扮，如能穿上一件高雅的淡紫色的小外套，便会平添几分都市味儿。上身穿淡紫色毛衣，下身配深蓝色窄裙，即使没有花哨的图案，也可在自然之中流露出气质来。

3. 褐色搭配原则

褐色与白色搭配，给人一种清纯的感觉。金褐色及膝圆裙与大领衬衫搭配，可体现短裙的魅力，增添优雅气息。选用保守素雅的栗子色面料做外套，配以红色毛衣、红色围巾，鲜明生动，俏丽无比。褐色毛衣配褐色格子长裤，可体现雅致感。褐色厚毛衣配褐色棉布裙，通过二者的质感差异，表现出穿着者的特有个性。

4. 黑色的搭配原则

黑色是个百搭百配的色彩，无论与什么色彩放在一起，都会别有一番风情！双休日逛街时，上衣可以还是夏季的那件黑色的印花 T 恤，下装就换上米色的纯棉含莱卡的蓬蓬裙，脚上穿着白底彩色条纹的平底休闲鞋子，整个人看起来格外舒适，还充满着阳光的气息。其实，不穿裙子也可以，换上一条米色纯棉的休闲裤，最好是低腰微喇叭的裤型，脚上还是配那双休闲鞋，依然很前卫。

5. 米色搭配原则

　　许多妈妈都喜欢看韩剧，剧中"美眉"们穿的充满都市感的时装，要比泡沫般而又雷同的剧情及缓慢的剧情节奏精彩百倍。看得多了，多少能总结出一些韩国"美眉"们穿衣打扮的特点：含蓄而优雅，明朗却不耀眼。在或柔媚或热烈的色彩中，米色是时尚达人们常用的色彩。现如今的时尚中，米色因其简约与富于知性美而成为着装的常青色。与白色相比，米色多了几分暖意与典雅，不会夸张。与黑色相比，米色纯洁柔和，不会过于凝重。在追求简单抛去繁复的时尚潮流中，米色以其纯净典雅气息赢得了很多人的喜爱。要将任何一种颜色穿出最佳效果，都要讲究搭配，米色也不例外。

黄色T恤

明亮的黄色充满活力，衣服上添加小碎花元素，田园气质十足。

小碎花裤子

淡淡的绿色是自然清新的色彩，小碎花也是春天的色彩，两种元素搭配在一起，自然是甜美无敌。

两种颜色搭配在一起彰显田园气息，黑色亮皮鞋子打造出整体与众不同的一面，怎么看都是那么美丽！

流行的三种童装颜色

1.绿色俏孩子

这种绿色不是春天的嫩绿，而是小树芽长到秋天的绿。穿这样一身套装，选择同一种绿色很重要，最简单的办法就是买一套这样的小衣服，也免得为去找这样一身绿而费心，只有底色是同样的，上面的花色才显得更漂亮。同色系搭配第一要诀：有可爱的点缀花样。一身都是这种柔和的苔绿色显得太朴素了，不妨让小T恤上有一些精致可爱的花色，虽然是深秋时节，却好像春色满园。

2. 橙色小精灵

　　丰收的南瓜很漂亮，鲜亮的橙色在哪里都特别引人注目。橙色系的衣服比较好搭配，最好是和同样温暖的米色调搭配，让米色来调剂。如果同色系非得穿成一身，也不是不可以，同色系搭配第二要诀：选择有花边元素的面料。这件衣服虽然是纯粹的橙色，但是上面的花边元素一下子就把小女孩的美丽衬托出来了。

橙色冬装毛衣

　　如果黄色是阳光般的色彩，那么橙色更能体现阳光的温暖与灿烂，时尚的色彩加入有层次的荷叶边，极具甜美、可爱感，让冬季活力无限。

3. 紫色乖小孩

秋季里穿紫色的确是"反季节"穿着，让紫色乖小孩徜徉在秋日长空下，感受与众不同的感觉。同色系搭配第三要诀：同色系搭配可以采用不同的色调。同色系不同的色调搭配是最简单的搭配方法，妈妈们肯定已经熟练运用了，但妈妈们也要注意，紫色运用不当，很容易显得成人化。

紫色连帽休闲装

款式简单细节部分却不单调，紫色与蓝色相搭，给人舒适、协调的感觉，诠释出一种轻松自然的风格，带给孩子更多的舒适感。

让孩子漂亮第四招：
款式以简单舒适为主

　　经常看到有些孩子穿的衣服虽然很漂亮，但太过烦琐，不太适合运动，这会让行动尚不灵活的孩子活动起来十分不便，在客观上会减少孩子锻炼的机会。相反，如果穿着适宜，孩子活动自如，运动量也会增加，这样更有利于提高他们机体的抗病能力，增强体质。

百搭白色衬衣

　　这件衬衣是纯棉面料的，将格子花边融入到领口的设计，大气、时尚，双层荷叶边的设计让白衬衣也可以很美。

蓝色休闲垮裤

　　裤子是很舒适的面料，宽松的款型也能让孩子感觉到更加舒适。

简单舒适套装

　　百搭的白色衬衫与休闲裤，简单却不会平淡。带松紧的裤脚一定要搭配休闲运动的鞋子，轻松打造出利落风格。

衣料性能

根据有关数据显示，随着童装消费群体的不断壮大，童装消费的市场也越来越细化，妈妈们也有了更多的选择，那么，妈妈们该怎样选择童装呢？

一般来说，孩子的衣服以纯棉的面料最为合适，纯棉的面料穿着舒服，有透气、保暖、吸湿、耐热、耐碱、卫生等特点。

1. 吸湿性：棉纤维具有较好的吸湿性，在正常的情况下，纤维可从周围的大气中吸收水分，其含水率为8%~10%，所以它接触人的皮肤，会使人感到柔软而不僵硬。如果棉布湿度增大，周围温度较高，纤维中的水分会蒸发散去，使织物保持水平衡状态，使人感觉舒适。

2. 保暖性：由于棉纤维是热和电的不良导体，热传导系数极低，又因棉纤维本身具有多孔性、弹性高等优点，纤维之间能积存大量空气，空气又是热和电的不良导体，所以，纯棉纤维纺织品具有良好的保暖性，穿着纯棉织品服装使人感觉到更温暖。

3. 耐热性：纯棉织品耐热性能良好，在110℃以下时，只会引起织物上水分蒸发，不会损伤纤维，所以纯棉织物在常温下穿着使用、洗涤印染等对织品都无影响。

4. 耐碱性：棉纤维对碱的抵抗能力较强，棉纤维在碱溶液中，纤维不会发生破坏现象，该性能有利于对服装的洗涤、消毒，也有利于对纯棉纺织品进行染色、印花及各种工艺加工，以产生更多棉织新品种及服装款式。

5. 卫生性：棉纤维是天然纤维，其主要成分是纤维素。纯棉织物经多方面查验和实践，织品与肌肤接触无任何刺激，无副作用，久穿对人体有益无害，卫生性能良好。

识别衣物面料的方法

那么，妈妈们怎样去识别衣物的面料呢？

其实这并不难，只要从面料边角上取几根纱线，通过燃烧即可识别。

1. 有较浓的烧发气味，灰烬呈黑色疏松球状，是纯毛或真丝面料，而毛是短纤维，真丝是长纤维，从外形上即可区别。

2. 有烧发气味，灰烬呈灰白色的粉状，是毛粘混纺织物。

3. 有烧发气味，灰烬呈较坚硬的球状，是毛和合成纤维的混纺或交织织物。

4. 既无烧发味，又无烧纸味，而是其他特殊气味，灰烬坚硬呈球状或块状的，是合成纤维纯纺或混纺织物。

怎样识别国际织物品质标记？

国际上对织物品质有统一的标记，分为：

1. 全棉：100% Cotton。

2. 全毛：100% Wool。

3. 全聚酯纤维：100% Polyester(poly)。

让孩子漂亮第五招：
先给孩子试穿才是王道

　　给孩子买衣服前首先要测量孩子穿衣服的尺寸大小，上衣主要测量袖长、胸围，裤子测量裤长，如果方便的话，给孩子买衣服一定要先试穿，每个孩子都有自己不同的皮肤颜色、体形、气质和风格，同样一件衣服穿在不同孩子身上效果绝对不一样。

　　当然有很多时候买孩子的衣服无法试穿，这种情况下一定要根据孩子身高买，而不要去轻信店家关于哪个年龄的孩子能穿多大衣服的建议，每个孩子的成长发育速度都不一样，因此一定要根据身高买，最好还要拿件孩子平常穿的衣服，对比一下衣服尺寸，然后再买比平常穿的大一点点的衣服。孩子生长比较快，如果想明年能穿的话则要再大一码，不过，建议大家孩子衣服还是穿着刚刚好最合适，太大的话既难看穿着也不方便。

衣服尺寸图

让孩子漂亮第六招：
年龄不一样，穿衣要点也不一样

随着孩子年龄的变化，穿衣也随之而变化。

学龄前 4~6 岁的孩子智力发展得特别快，对很多事物很感兴趣，要选择有趣的图案和明亮的色彩，给孩子更多的新鲜感。

中童期 7~12 岁的孩子活动量大，衣服裤子易脏易破，因此要选择耐磨的材料与面料。而且这段时期孩子长得非常快，应给孩子选择稍大的衣服，这样就不会浪费了。

对于大童期 13~17 岁的孩子们，选择衣服注重的是款式以及颜色，因为孩子处在逆反青春期，衣服款式不能过于暴露，不同的颜色代表不同的心情，给孩子明亮的颜色，就会让孩子变得更阳光。

常见的装扮误区
妈妈对孩子装扮持马马虎虎的态度

这样的父母们认为社交只是成人间的往来，他们经常将孩子置于一边不加过问，对孩子的衣着打扮也随随便便，不加修饰。其实对于参与社交活动的父母们来说这是一种不礼貌的行为，因为社交场合的衣着打扮本身就是一种礼仪。

另外，这类父母忽视了孩子的独立地位，也是对其自尊心的一种伤害。

有些妈妈也可能因为没时间而忽略掉孩子的穿着，导致孩子总是抱着无所谓的态度穿衣。而妈妈们都忽略掉了一点：好的装扮关系着孩子一整天的心情，无条理的服装搭配，可能会让孩子感到不适从而心情变差。所以，孩子的装扮不容忽视！

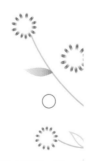

孩子是单纯善良的小宝贝，活泼、天真是她们的天性，她们的欢笑会在每个人的心底留下深刻的印象，所以，可爱的她们还是以自然轻松的装扮为好，这样才能彰显出她们内在的美丽与气质。

粉色的记忆

真正的美，应当是自然的美，整洁的美、合体的美、健康活泼的美、心灵的美。简洁舒适的装扮才是最适合孩子的！

过分重视打扮

过分的打扮孩子，会把孩子的注意力和兴趣引导到穿戴打扮上，而对学习或其他正当的事情却不予重视。不仅如此，有些首饰和化妆品还会对孩子的身体健康产生不良的影响。所以给孩子打扮可以，但不能过分地打扮。

异性打扮会让孩子产生"错觉"

喜欢打扮是每个人的天性，给孩子打扮则要注意很多。有些家长可能会给孩子打扮得偏中性，家长觉得这样酷酷的、很好看，但他们不知道这样打扮不仅会引起别人异样的眼光，更会让孩子的身心受到影响。众所周知，男孩和女孩，他们不仅在生理上有明显的不同，在心理方面也存在着明显的差异。他们在承认并接受自己性别的同时，会按照社会对性别角色的要求，去规定自己的言行举止。如男孩大多爱跳、大声喊叫、无拘无束。女孩则较为文静、腼腆等。所以，打扮对于孩子真的很重要，简单自然而又不失率真才是最美的！

乖巧的学生装

经典而大方的条纹是时尚潮流的象征，用多种色彩点缀，打造出活泼的气息，同时给人一种活跃的感觉，搭配蓝色裤子，同样明亮的颜色搭配在一起，充满了无限的活力。一双轻便的小鞋子，能让孩子更加舒适、轻松。

第3章
轻松打造
孩/子/的/百/变/风/格

居家小美女

　　孩子平常大部分时间都在家里，那么，妈妈该给孩子选择什么样的家居服呢？

　　因为孩子年纪还小，肌肤也比较娇嫩，所以妈妈给她们选择居家服，一般都是以宽松、休闲的款式为最好，以大方、简洁、庄重为美，加少量的时尚感即可。而且，相比那些时尚的服饰，传统衣着的保鲜度和耐用性更好。

粉色格纹棉衣

　　一款简洁的棉衣，尽显大方、自然。大气的翻领与休闲的帽子，让孩子穿着更加舒适自在。两侧的口袋，休闲又实用，时刻温暖孩子的双手。搭配格子打底裤与黑色靴子，让人觉得轻松且更加保暖。

圆领外套

俏皮的圆点，总是给人一种活泼的感觉，小圆领的设计十分可爱。

蛋糕裙

百搭款的蛋糕裤裙，素雅的白色象征着孩子的纯真，为了不显得单调，在裙边加上了甜美的蝴蝶结，尽显小女孩的可爱气息。

乖巧小女孩

搭配一件百搭的白色T恤，简洁、大方，甜美的裤裙，既美丽又方便孩子玩耍，一双过膝袜和蝴蝶结鞋子，尽显甜美公主范。

小小旅行家

　　旅行是人生中的一大乐趣，每一次的旅行都会提升出行者对自然和生命的感悟以及对社会的理解。归来时每个人都有或多或少的收获，而在旅游中必不可少的就是舒适的衣装了。

圆球泳衣

　　天气炎热的时候，去海边旅行是最舒服的事情了，泳衣当然也是公主们必须准备的，这款蓝色的泳衣，纯净的蓝色总是会让人想起大海，小朋友穿上它站在水边，享受着嬉水的快乐，就像个小美人鱼一样，自由自在地游来游去。

字母泳衣

　　夏日的泳池里，游泳衣也可以成为焦点，泳衣胸前甜美的蝴蝶结，像是在宣告着女孩的美丽，裙摆也随之而舞，在水里享受着夏日的清凉感。

蓝色运动套装

　　将明亮开阔的蓝天色彩巧妙地运用在衣服上，描绘出一幅唯美而自然的画。春季郊游更需要一双轻巧方便的休闲鞋，让孩子尽情在春天里畅游！

白色运动套装

　　舒适的面料，宽松的款式，搭配一双运动鞋，这个春季旅游去。

紫色休闲外套

春秋之际必备的一款休闲外套，流行的拼布设计，两种色彩的交汇，无论是上学还是游玩时都是必不可少的。

蓝色休闲垮裤

休闲套装

旅游怎能少了休闲服，穿着简洁舒适的衣服，游走在自然的景象中，尽情地享受轻松自由感，将快乐演绎到底。

快乐上学校

　　充满学院风格的背带裤，最适合上学时穿着，活跃的黄色更能彰显出孩子的天真，口袋的设计，实用的同时又能起到装饰的效果。搭配明亮的蓝色 T 恤，尽显时尚风范，选择一双黑色的休闲鞋，上学时穿着更为轻松。

百搭白色衬衣

背带裙

卡其色很大气，背带
裙是活泼小女孩的象征，
穿上它去上学，一整天都
会活力无限。

上学时孩子要穿得可爱、简单又不失活泼，
这套装扮是流行的背带裙搭配经典的衬衫，彰
显出十足的学院风范，上学时穿着给孩子带来
无限好心情。

经典黑白配

最经典的黑白配，小马甲加上最流行的垮裤，珍珠的点缀使得黑色不再沉重，下面同样搭配了酷炫的蓝色鞋子，这样看上去整体呈现的就是前卫、时尚的效果。

超级达人秀

每个孩子都是天生的明星，拥有与生俱来的独特气质，无论在哪里都是一道亮丽的风景线！

黑色小马甲

大面积的蕾丝马甲，看上去显得特别的高贵、华丽，前面的水钻更是加大了华丽感。

黑色垮裤

金属的拉链和珍珠吊坠时刻彰显着高贵，宽松的口袋设计动感十足，大面积的珍珠点缀，使得裤子多姿多彩，呈现出大牌范。

条纹裤

黑白条纹的垮裤，简单而又时尚，宽松的板型让孩子穿着更加舒适。

时尚达人

马甲是最易搭配的衣服之一，也是最常见的，想要穿出达人的感觉可并不容易，妈妈给孩子搭配上时尚的条纹裤，为了不显单调，特意搭配了一双柠檬黄的鞋子，整套服饰只有 3 个颜色，但却搭配出了前卫的时尚感。

红色亮片外套

外套的舒适面料很适合小朋友粉嫩的肌肤，胸前大面积的亮片十分抢眼，加上蕾丝花边的设计，让整件外套时尚感十足。

大蓬蓬裙

纱质的大蓬蓬裙上添加了皮质的面料，时尚的同时又有了很好的立体感，整条裙子，无论是蓬松度还是质感都非常好。

街头甜美女孩

玫红的外套甜美无敌，搭配上绿色叶片的蓬蓬裙，强烈的撞色系给人强烈的视觉感。

潮人马甲纱裙

衣服双排扣的设计，绽放出无与伦比的奢华与高贵风范。甜美可爱的松紧腰带，略显一份酷酷的感觉。蓬蓬的裙摆，时刻彰显公主般的气质与高雅，加以亮片点缀，打造出十足的大牌范。

优雅小淑女

所谓美人者，以花为貌，以鸟为声，以月为神，以柳为态，以玉为骨，以冰雪为肤，以秋水为姿，以诗词为心，以翰墨为香，吾无间然矣。——清初小说家张潮

这应该是纯正的中国传统观念中的美女标准了，我们的小孩子也绝对是个小美女。

小碎花半身裙

点点碎花散落在洁白的裙子上面，春天就这样不期而至了。

柔软的线衫，让孩子美丽的同时更加舒适。雪纺荷叶边，打造出一份甜美与可爱。一条充满田园风格的短裙，尽显清新、自然，选择过膝袜与一双红色的小鞋子，让孩子宛如邻家女孩一般美丽。

大蝴蝶结衬衣

非常淑女的衬衣，胸前偌大的蝴蝶结，张扬而不夸张，尽显公主般的气质。

拼贴碎花裤

裤腿上的印花拼贴设计和裤袋处的印花相呼应，甜美气质立现，很适合在春天穿。

蓝色撞色套装

同样是大蝴蝶结的衬衣，不过这次尝试换上了一条蓝色的花边长裤，与衬衣的粉色形成强烈的对比，更加有活力。

粉色小淑女

独特的设计，让衬衫彰显出不凡的品质感，搭配粉色的裤子，与上衣的蝴蝶结的颜色呼应，让整体看上去更加自然，搭配一双蓝色的鞋子，明亮而又跳跃。

条纹小西装

条纹的小西装，修身的剪裁
会让人觉得很有气质，肩膀处的
大蝴蝶结设计又给整件衣服添了
几许高贵的气质。

气质淑女套装

女孩，生来就是被人疼
的，所以妈妈当然要给她们
最好的，喜欢把孩子打扮成
气质淑女的妈妈可个要错过
这套衣服。

第4章
实用百搭单品

百搭天王
——T恤、衬衫

到了春天要怎么穿才会时尚百搭又显气质呢？相信很多人都会不约而同地想到格子衬衫。格子在方寸之间经过不断的创新变化，演变出各式各样的时尚酷感。衬衫是传统与时尚的经典结合，给人清爽的印象，酷感、甜美、随心所欲的时髦衬衫理所当然地成为衣橱的必备单品。

格子衬衫

←这是一款经典的格子衬衫，精致的翻领，将整体的大气感体现至极，格子采用多种色彩搭配在一起，看上去更加有活力，让衬衫不再沉闷。

条纹衬衫套装

→简单的条纹让衬衫显得更加简洁,而浅粉色是非常适合小女孩的颜色,搭配一条比较稳重的黑色条纹长裤,再配上一双有些可爱的鞋子,整体感觉非常轻松文静。

蓝条纹衬衫

→纯白色与冰淡蓝的搭配让上衣在色彩上充满了海魂风,点缀上黑色蝴蝶结,虽素雅却不单调,整体尽显小女孩的纯净。

荷叶边高领衬衣

优雅的荷叶边，是整体的流行元素，打造出整体的时尚与独特之处。春秋季节搭配上小西装，彰显十足的贵族学院气息。

粉色 V 领 T 恤

亮片的装饰，闪耀着璀璨的光芒，提升整体的时尚与大气奢华风范。优雅的粉色，打造出甜美公主气息。配以修身长裤，立即呈现出轻松、简洁和大气。

自行车图案 T 恤

简洁大方的款式，给炎热的夏季带来清爽的感觉。首肩设计，更有种公主般的气质感。胸前创意的自行车图案，充满了十足的童趣感。张扬的色彩设计，给整体带来无限活力与动感。

花朵 T 恤

大大的蝴蝶结采用了亮钻与亮片作为装饰，让整体变得活泼。高雅而清爽的色彩，让服装变得更加可爱。搭配短裙以及打底裤，将优雅小淑女的风格演绎到底。

泡泡袖 T 恤

圆领的设计，既简洁又大方，泡泡纱的袖子结构轻薄且手感柔软，穿着凉爽而不粘贴皮肤。在拥有高贵、典雅气质的同时又不失童趣的可爱感，搭配短裙、短裤、让整个夏季变得清爽宜人。

个性头像 T 恤

休闲的板型，简洁中彰显一份时尚与大方，别致的图案设计，彰显出整体的个性与独特。炎热的夏季随意搭配一款裤子都很漂亮。

甜美公主的
蓬蓬裙

蓬蓬裙，无论春夏秋冬都是流行的单品。蓬蓬的裙摆飘逸着清新与高贵，尽显甜美公主范！

甜美公主裙

三层的蛋糕裙摆，飘逸着夏日的凉爽与甜美。每一层都彰显公主般的可爱感觉，淡淡的色调尽显高雅与大气。搭配上一双凉鞋，能为整体提升公主气质与时尚风范加分不少。

条纹字母裙

经典的条纹元素总是能彰显出时尚的效果。胸前大面积的英文字母尽显独特与个性。网纱的裙摆甜美而又可爱。用蝴蝶结作为点缀，更能凸显整体活泼之感。搭配上打底裤，轻松、自然。

迷你连衣裙

蓬蓬的袖子更能彰显出公主的气质，腰间两朵花的装饰非常醒目，百褶的裙摆自然垂下，让人看上去就有种凉爽的感觉，同时也体现了整体的美感，炎热的夏季有这样一件非常凉爽的迷你连衣裙，搭配上水晶凉鞋，让孩子变身成可爱的小公主。

蓝色蕾丝裙

一款优雅的连衣裙总是能陪孩子共度炎热的夏季，胸前偌大的蝴蝶结彰显甜美可爱的同时，更有种韩版风格的活泼气息。层层叠叠的蛋糕裙摆，提升了气质感与大牌风范。

小兔裙子

她们是冰雪聪明的小公主，只属于她们的可爱宠物小兔子是她们的玩伴，肆意的可爱、粉嫩的清纯让人心动。

必不可少
的单品
——连衣裙

连衣裙可是女孩的最爱，无论是纯白色的公主裙，还是纱质的仙女裙，又或是可爱的蓬蓬裙，总之，各种各样的漂亮裙子都很美，所以呢，孩子的衣橱里怎能没有连衣裙！穿上裙子，变身成漂亮的小公主吧！

蓝色连衣裙

这是一条清新、优雅的连衣裙，蓝色的小圆领，清爽、时尚，腰间的绣花工艺，打造出一份精致与细心。两层的裙摆，唯美飘逸，非常有气质。

格子连衣裙

经典的格子是永远流行的时尚与潮流元素。飘逸的裙摆，带来无限的凉爽与轻松。领口侧面甜美的蝴蝶结，彰显可爱与活泼的气息。

大红连衣裙

一款充满学院风格的连衣裙，简洁大方的领子和双排的扣子，时刻彰显学院风。飘逸的裙摆，散发出清凉舒适感，穿上它孩子可以开开心心的上学了。

小圆点连衣裙

具有贵族风范的荷叶领与可爱俏皮的波点结合在一起韵味十足，胸前的胸花在不经意间体现着甜美感，腰部是有松紧的，让孩子穿着更加舒适，没有束缚感，同时也显得更加活泼可爱。

蕾丝格纹连衣裙

蕾丝与格纹可谓是绝配，设计师把今季最为流行的两种元素结合在一起，勾勒出了这款裙子公主般的高贵气息，而腰间的装饰又十分可爱，完美地打造出甜美公主的气息。

蝴蝶结连衣裙

张扬而又不夸张的波点，把孩子的活泼可爱体现得淋漓尽致，再加上烫钻的工艺，每一颗白色的水晶钻都代表着女孩的纯真与善良，描绘出了最终的点睛之笔，无论什么场合穿着都很合适。

草莓裙子

具有田园风格的草莓图案，每一颗草莓都散发着无限的活力与精彩，充满了十足的甜美气息。飘逸的裙摆更加凉爽，夏日就让这款草莓裙伴随孩子度过吧。

简洁花朵连衣裙

一款简洁而不简单的连衣裙，高腰线条设计，略显韩国风的可爱板型。高雅的色彩时刻散发出清新自然的感觉，随时随地彰显出优雅的小淑女气息。

绣花连衣裙

连衣裙是夏季必不可少的单品，而一款甜美的连衣裙，会给孩子带来更多的快乐与好心情。唯美的蝴蝶结是甜美可爱的象征，蓬松的大裙摆，让裙子更加飘逸、凉爽，更有种小公主般的气质感，精美的绣花工艺，彰显出不凡的品质感，时尚而新颖，精致而又独特。

田园风连衣裙

清新自然的色彩，打造出一份田园气息与邻家女孩的感觉。腰间偌大的蝴蝶结，散发出无限的甜美可爱感，飘逸的裙摆，夏季穿着总是能更加凉爽。

圆点连衣裙

小小的圆点布满整条裙子，胸前点缀着同色系的蝴蝶结，整条裙子显得十分文静。

米色开衫

必备的一款简单而百搭的开衫，可随意搭配服装，非常实用。不用太多的装饰，领口的花边足以让整体变得高雅起来。搭配简单的连衣裙，尽显优雅气质风范。

百搭单品之
毛衣

在天气还是有点冷的时候，给孩子准备一件时尚大方的开衫毛衣，不管搭什么衣服都很配，既保暖又美丽。

↑一条简单的圆点连衣裙，内搭一件高领的衬衣，既保暖又能衬托出小女孩的粉嫩肌肤。

→在稍微冷一点的天气，妈妈给孩子穿上一件简单的毛线开衫，柔软的面料尽显优雅的淑女气质。没有过多的装饰，很简单自然，时刻散发恬静、可爱、活泼感。

心形图案毛衣

宽松版型的针织衫，极具时尚潮流风范。心形的图案，打造出一份甜美的气息。

休闲毛衣套装

蓝色和玫红色的撞色毛衣，搭配蓝色的休闲裤，虽然少了裙子的甜美气息，但是却增添了几分休闲的感觉。

红色长款毛衣

简洁而独特的款式，演绎着无穷的舒适感，花边型的领子，展现着乖巧、恬静的美感，左下方的心形装饰，散发着耀眼的光彩，仿佛孩子精彩的童年，百褶的衣边，将女孩的天真、活泼、甜美、可爱体现至极。

复古双层袖毛衣

简洁而高雅的设计，让毛衣不再沉闷，肩膀处别具匠心的层次花边设计，更有种宫廷的高贵感，复古的双层袖口，犹如一朵盛开的花，将女孩的气质与甜美表现到极致。

条纹花朵毛衣

堆领的设计在寒冷的季节更多一份温暖，条纹设计不单调的同时更显流行气息，胸前唯美的花朵，灵动而又清新。

紫色毛衣

清新、优雅、可爱、淑女、温馨、自然、文静，全都体现在这款毛衣上。

豹纹毛衣

豹纹是今季最为潮流的元素之一，设计在毛衣上更是与众不同，那种大气美转移到童装上，演变成高端的品质感。

百搭单品之
外套、卫衣

一件漂亮的外套，不仅会增添层次感与时尚感，最重要的是保暖又舒适，给孩子更多的温馨感觉，时刻带领孩子走向流行的前沿！

粉色小碎花外套

粉色的外套，休闲中不失可爱气息。甜美的小碎花，打造出活泼感。西装领的剪裁，让整体散发出一份时尚与气质感。

小碎花半身裙

粉色田园套

知道甜心小美女是谁吗？对，就是我，让你看一眼就难忘。

果绿色外套

休闲款的帽子，内里是小碎花的图案，充满了春天的气息，拉链的设计也方便孩子穿脱。

红色荷叶边长裤

糖果色的长裤，简洁的设计，没有过多的装饰，非常百搭。

休闲套装

轻松休闲的装扮，非常适合居家时穿着。小碎花的图案和荷叶边的元素充斥着整套衣服，甜美、自然。

圆点外套

可爱的小圆点跳跃着，显现出无限的活力。在天气稍凉的时候，给孩子带上一件外套是很有必要的。

粉色蓬蓬裙

甜美的公主裙，在夏季给孩子带来无限的凉爽与快乐。腰间唯美的蝴蝶结，诠释出整体的可爱与活泼。层次感十足的蛋糕裙摆，散发着公主般的气质风范，飘逸、自如，时刻彰显优雅的小淑女气息。选择一双凉鞋，提升整体的高雅与大气感。

百搭粉色外套

粉粉的外套,可爱而又自然,搭配白色的T恤,充满了童趣。

条纹小西装

高雅蕾丝风衣

新颖的花边圆领彰显出风衣干净利落的一面，亮钻、珍珠以及蕾丝三大流行元素融为一体，尽显奢华高贵感。独特的袖子，打造出一份复古时尚。

亮片外套

大面积的亮片，是点亮整体的重要元素，闪耀着奢华与时尚。蕾丝衣边更加流行，优雅的蝴蝶结胸花，增添甜美可爱度。搭配上长裤、短裙都很漂亮，让孩子成为众人瞩目的焦点。

小猫卫衣

拥有一款保暖卫衣，无论春秋穿着都非常适合。独特的双面设计，不管哪一面都有不同的视觉效果。厚实的材质，时刻带给孩子温暖感觉。休闲的版型，只要搭配长裤就能演绎出大气风范。

黑色马甲

炫酷的黑色马甲，总是以百搭的方式出现。简洁而不简单的设计，诠释出整体不凡的气质感。随你搭配任意一款衣服，都能体现马甲的酷感与帅气。

笑脸棉衣

充满童趣的笑脸羽绒服，可爱的图案尽显快乐与活泼感。丰富的色彩，每一种颜色代表着不同的心情，让孩子挑选出自己的彩色心情。

寒风来袭之 御寒冬衣

面对寒冷的冬季，选择一件保暖、漂亮的冬衣，让孩子时刻徜徉在温暖的氛围中，即使是冬季也可以活力十足！

红色小圆球棉衣

丰富的色彩与可爱的圆点元素，打造出可爱、甜美的气息，无论是裙子还是裤子，都能搭配出时尚风范。

混搭时尚

当甜美遇上霸气十足的搭配
会怎样？看我玩转两种不同风格。

'

蝴蝶结长棉衣

清新淡雅的色彩，演绎出冬季
的流行元素，华贵的毛领，具有十
足的大牌风范，轻松搭配出高雅气
质感，给孩子一个温暖舒适的冬日
造型。

蓝色大翻领装

极具大牌风范的披肩领，犹如公主一般高雅，可爱的卡通印花图案，成为了冬季流行元素，在彰显时尚的同时又不失童趣感。

卡通套头衫

可爱的卡通图案，数种搞怪的表情，诠释着孩子天真、烂漫、调皮的个性，充满了童趣感，亮钻的点缀尽显时尚奢华感，两侧的小口袋，时刻温暖孩子的双手，阳光般的色彩在寒冷枯燥的季节里也能让孩子朝气蓬勃。

甜心小公主

淡粉色的棉衣，搭配
经典的条纹裤，时尚而低
调，大片亮钻的靴子又提
升了整体的奢华感。

奢华毛领棉衣

柔软舒适的大毛领，将
奢华进行到底，大大的蝴蝶
结随时随地彰显小女孩的甜
美，大口袋装着满满的快乐，
让孩子彻底爱上冬日。

圆点背带裤

简单的圆点背带裤尽显学院气息，搭配一件同样简洁大方的格子衬衫，充满了十足的潮流风范，同时又彰显一份可爱与活泼感，选择过膝袜搭配黑色休闲鞋，将学院风体现至极。

潮流单品之
短裤

短裤是时尚的象征，前卫的代表。准备一条百搭短裤，时刻彰显炫酷！

蓝色短裤

夏季必备的一款时尚的小短裤，百搭又有个性。优质的亮钻点缀，装饰出短裤的独特与潮流风范。两侧设计了小口袋，实用的同时又有一些酷酷的感觉，这种糖果色的短裤有很多种颜色可供选择。

格子短裤

格子小短裤，更具备一份时尚的气息。两侧张扬的口袋，充满了休闲前卫感。

衣橱必备之
长裤

　　长裤是永恒的潮流，一年四季都在变换着，给孩子准备各种各样的长裤，让孩子的衣橱亮起来吧！

黄色 T 恤

小花朵套装

　　整套衣服以暖色调的黄色为主，无论是 T 恤还是裤子，小花无处不在。

雪花裤

　　小碎花元素，打造一份田园的清新自然感觉，明亮的蓝色，更能给人一种清爽舒适的视觉效果。

素色长裤

淡淡的肉粉色裤子，色彩高雅。简洁的款式，非常的百搭。没有过多的装饰，也不需要繁杂的装扮，选择一件休闲的夹克，就能很好地打造出休闲风格。

红色小花裤

田园风格的长裤，尽显清新自然风格。甜美的花朵，彰显出一份可爱与活泼感，随着春季的到来，选择一款田园小花裤，让整个季节更加活力多彩吧。

亮钻长裤

高雅的色彩，诠释出一份大气、时尚感。加入蕾丝的元素，时尚而又奢华，裤腿上的亮钻点缀，装饰出潮流气息。裤脚同样加入蕾丝元素，设计出独特效果的两种穿法。

咖啡色长裤

流行的扎染元素，打造出潮流、前卫风范。不需要过多的装饰，加以亮钻点缀，瞬间让整体变得亮丽起来，尽显奢华时尚感，搭配时尚款的上衣，让整体更显潮范。

学院格纹裤

条纹本身就带有独特的学院味道，为了在条纹的裤子上既能体现女孩的俏皮，又能呈现出时尚的感觉，特意在臀部位置添加偌大的3层蝴蝶结，几分甜美，几分灵动。裤脚后相对称的3颗扣子更是时尚前卫，搭配上休闲鞋酷感十足，今秋在校园里更是引人注目的一大亮点。

蓝色长裤

独特的板型剪裁，尽显时尚风范，精致的拉链与唯美的珍珠吊坠，赋品一份高贵感。宽松的口袋设计，动感十足，裤腿上大面积的珍珠点缀，使得整体变得多姿多彩，呈现出大牌范，尽显奢华气息。

糖果色长裤

糖果色来袭，缤纷夺目，裤腿上独特的设计，层层叠叠的效果，更加让人想去探索其中的秘密，裤腿上面蕾丝的装饰，华丽而不张扬，又略显几分淑女气质，给秋季增添一抹彩色的活力。

复古民族裤

黑色代表着崇高与坚强，白色寓意纯真，两种色彩的碰撞，展现出不平凡的视觉效果，民族风的图案设计，绘画出复古的个性效果。

黑色长裤

炫酷的黑色，总是能带给孩子们一份时尚与酷感。裤腿上大面积的烫钻，尽显奢华，时刻带给孩子们气质与潮流气息。

格子长裤

格子一直跟着潮流的脚步一点点的变化，时而经典，时而时尚，而这款格子裤简单得让人有种轻松舒适的感觉，美丽的格子勾画出了童趣，描写出了自信，这个季节让它与小朋友一起去探索秋天的秘密吧。

蓝色打底裤

春秋季节打底裤是女孩必备款，它保暖易搭配，并不需要过多的装饰，这款打底裤简单却不平凡，玫瑰花形密密麻麻地铺垫在裤脚处，看似不起眼却散发着它特有的优雅，彰显出高调的气质。

黄白条纹打底裤

明亮的黄色打底裤，很跳跃的颜色，是孩子衣橱的必备品。

条纹打底裤

经典而时尚的条纹打底裤，百搭又实用，搭配任何一件棉衣或羽绒服，都能体现出一份时尚、前卫与潮流风范。

专业色彩搭配师的推荐

为了给妈妈们呈现最简单最时尚的搭配，我们特意请来专业的色彩搭配师，就最普通的日常衣服做了一系列的搭配，尽管是普通得不能再普通的衣服，经过精心的搭配也是非常时尚漂亮的。

彩色T恤

彩色T恤 + 粉色背带裙

→推荐理由：天空是蓝的，草地是绿的，阳光暖暖的，这种天气下不由得有种想出游的冲动，这件衣服上是骑着自行车的小女孩，好像跟我一样也要出去游玩呢。而这条五层的蛋糕蓬蓬裙，粉红的颜色就和野外的小花是一样的颜色，穿上它，孩子们要去野外和花草比甜美。

彩色T恤

彩色T恤 + 斑点裤子

←推荐理由：色彩的魅力是无限的，而这款T恤蓬蓬肩的设计在不经意间就流露出了女孩与生俱来的气质，胸前颜色艳丽的图案，就像是雨后的彩虹挂在蔚蓝蔚蓝的天空中，搭配一条斑点的中裤，裤子上的小斑点就像雨后的露珠一样，滚动在裤子上。在这样的美景下当然让人心旷神怡，完全忘记了夏季的灼热，随之带来的是一阵又一阵带着清香气息的凉风……

斑点裤子

粉色背带裙

白色花朵袖T恤

白色蝴蝶结打底裤

拼贴T恤 + 背带裤

←推荐理由：在这个明媚的春天，每个女孩都应该拥有一件值得炫耀的T恤，纯美干净的白色T恤，袖口处别具一格的花边设计，诠释出T恤的个性与气质感，而这样的美衣，当然要搭配上一条蕾丝的蓬松蛋糕裙，甜美又不失可爱。由于天气还有点凉，我们的搭配师就给小女孩穿上了一条缀满蝴蝶结的纯白色打底裤，保暖的同时更增添了几许甜美的气息。

拼贴T恤

半身蓬蓬裙

背带裤

白色花朵袖T恤 + 半身蓬蓬裙 + 白色蝴蝶结打底裤

→推荐理由：3种颜色所拼贴而成的T恤非常特别，小碎花的元素洋溢着小女孩的甜美气息，搭配上这条粉色的背带裤，高贵优雅的蕾丝让整条背带裤像花一样绽放，把小女孩衬托得像一个小公主，而整套搭配又显得很轻松随意，在炎热的天气里也不会觉得累赘，相反还会让孩子觉得很清凉惬意。

公主裙

粉色外套

公主裙 + 粉色外套

←推荐理由：这条裙子的上身采用了两层面料，里料的丝绸很好地衬托出了外面蕾丝的质感，腰间的蝴蝶结甜美可爱，5层的裙摆无论是立体感还是蓬松感都非常的好，飘逸感十足。高雅气质派的连衣裙是每个公主们衣橱里的必备，无论是上学、聚会、婚礼还是走亲戚，都是非常合适的。外面搭配一件粉色的小外套，可以起到保暖作用，同时，粉色的外套也可以很好地修饰纯白色的蓬蓬裙，避免了色彩的单调性。

粉色斑点连裙外套

圆点打底裤

粉色斑点连裙外套 + 圆点打底裤

←推荐理由：淡粉色的衣服上布满小小的圆点，就像满天的星星一样引人入胜。胸口的蝴蝶结和蛋糕裙相呼应，甜美气息无限，这样的连帽衫，只要搭配一条简单的圆点打底裤就好了，简单舒适，又能体现孩子的可爱。

条纹网纱裙

条纹网纱裙 + 斑点裤

←推荐理由：秋天到了，新的学期要开始了，那么，一定要有一件既淑女又不能太平凡的衣服。这款用蕾丝作点缀的衣服当然是最适合的，搭配一条黑色斑点的打底裤，整体看上去不仅淑女，而且显得很有气质，是开学的必备款之一。

条纹小西装

斑点裤

衬衣

民族风打底裤

蓬蓬裙

条纹小西装 + 衬衣 + 蓬蓬裙 + 民族风打底裤

→推荐理由：黑白配是永远的经典！黑白条纹的小西装，用大大的蝴蝶结做装饰，使得整体更柔和，内搭同款的气质衬衫，蓬蓬裙的加入让整套服装更加甜美，稍带点正式的套装，无论是上学还是参加宴会都会让孩子成为众人之中的小明星。

自行车T恤

自行车T恤 + 斑点中裤

←推荐理由：彩虹的色彩总是能让人眼前一亮，生活也是多彩多姿的，T恤上流动的线条可以更好地呈现小女孩的柔美，即使只是搭配上一条普通的卡通中裤也会很出众，在炎热的夏天，这样的清凉装备可是备受欢迎的。

蕾丝假两件套

蓬蓬裙

斑点中裤

蕾丝假两件套 + 蓬蓬裙

→推荐理由：每个女孩都有一个梦，希望自己一直都是小公主，被人宠爱着，如花般地成长，所以，无论何时何地蕾丝和纱裙都是她们衣饰上不可缺少的。这套搭配以蕾丝为主，上衣和裙子相呼应，口袋的水钻闪耀着低调而又奢华的光芒，而我们的公主就在自己的城堡中享受着梦一般的生活。

为美丽加分的
时尚小饰品

　　有的人看起来总是让人觉得很协调，其中搭配的作用不可忽视，常常会在整体装扮中起到画龙点睛之笔。

　　蝴蝶结一向都是女孩们衷爱的最好装饰，红色和棕色的蝴蝶结装饰物是今年主流元素之一，在大多流行黑白灰服饰的冬季，可以别在头上，也可以使用在外衣上当胸花，或是别在连衣裙的腰带上，总之，结合上它们的装扮，可以给整体装扮增添许多生机与活力，使整体感和时尚气息更加浓烈，走在大街小巷，保证回头率百分百。

公主头冠

　　一款简简单单的公主头冠，轻轻地束在发顶，搭配上粉粉的毛毛领棉衣，没有多余的配饰，但是小公主的气场可是一点也不弱。

搭配的整体原则

巧妙运用小饰品打造明星范

1. 整体观念：服饰是立体活动彩色雕塑，所以不要把上下装分开来看造型，而要于整体上往瘦长袅娜型装扮。

2. 肤色观念：脑子里要先有适合孩子肤色的色彩系列。一定要注意，所有服装都是要穿在"肤色"之上的，而绝不是配在白墙上或白色黑色模特儿架上的。如果你真的酷爱某一种颜色，你还是把它用来布置房间吧！

3. 体型观念：体型不佳的人尤其要学会用服饰掩饰不足之处。比如说臀部较大，让人苦恼，但穿上皱褶的长裙，会让人感觉出潇洒的田园风格，而不会注意局部缺陷。

4. 配饰观念：配饰品与服装密不可分，买完衣服仅仅是万里长征走完了第一步，要预算出一半的钱来考虑配件，认为配件可有可无或不重视可是大错特错。

5. 发型观念：服装设计师的最新作品，有时是通过奇特的发型展示出来的，头发的风格（尤其是色彩）决定着服饰配搭，发型变换较少的人更应注意这点。

还有一点妈妈们需要特别注意的就是，不宜给孩子戴耳环、耳坠，因为戴耳环须在耳垂上打孔，由于耳距大脑很近，孩子发育不成熟的脑神经可能会因打耳孔而受到不良刺激。

发卡

要想装扮得漂亮，怎能少了小饰品呢。可不要小看了发卡，它可是能将装扮点亮的重要饰品。

波点蝴蝶结发卡

各种颜色的蝴蝶结发卡，添加了波点元素，在甜美中又增添了大方和俏皮的感觉。

蝴蝶结

孩子的美是天生的，无须过多的装饰，一个笑脸就已经是最美的了。虽然是一身素黑的装扮，点缀上一个粉色的蝴蝶结，整个人就闪亮起来了。

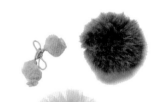

毛绒发卡

毛绒绒的发卡，不仅摸上去很舒服，戴上它会让孩子随时走在时尚的前沿。

布艺发卡

很可爱的一些小发卡，无论是小花造型，还是蝴蝶结，又或者是动物造型，每一样都让人爱不释手。

花朵发卡

大大的花朵发卡会让孩子更加甜美，无论是搭配裙子还是裤子，甜美的气质自然就出来了。

蓝色大花发卡

这款发卡可是公主们的大爱，戴在头上随风走动的时候，像有很多只蝴蝶在发间飞舞，很漂亮。

圆点蝴蝶结发卡

柔美的绸缎发卡，闪耀着高贵的光芒，如此漂亮的发卡，孩子必备一款。

粉色亮钻发卡

蕾丝从来都是公主们不二的选择，将粉色的蕾丝运用到发卡上，搭配任何淑女气质的衣服都超级甜美。

丝带发卡

长长的丝带发卡，很有点仙女的感觉，简约却又不失大气。

大水钻发卡

发卡上有大大的水钻，无论走到哪里都很抢眼，搭配上美美的裙子会让人眼前一亮。

多层纱发卡

一层又一层的纱制成的发卡，给人一种朦朦胧胧的感觉，就像梦幻的公主一般。

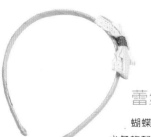

蕾丝蝴蝶结发卡

蝴蝶结的发卡是每个女孩都必备的配饰，无论在什么场合什么季节都很适用。

米色水钻发卡

每个女孩的饰品盒里都有很多发卡，别小瞧这些发卡，它们的装饰效果会让你眼前一亮的。

帽子

每个女孩都应该有一顶属于自己的帽子，保暖的同时又兼顾时尚潮流。

帽子的样式和面料是不相同的，有带弹性的轻型棉质帽子，有厚型棉质帽，也有丙烯酸材料的帽子，要根据不同季节，选择不同色泽和式样的帽子。冬季气候寒冷，应选择保暖、御寒性能好的帽子，如棉帽、皮帽、绒帽等，非常寒冷的时候应选择能保护脸颊和耳朵的帽子；春秋季可选用针织帽、毛线编织帽、大盖帽等；夏季阳光强烈，对眼睛刺激大，可选用面料轻薄、色泽偏冷、偏浅的大帽檐帽子，如太阳帽、草帽、布料的各种旅游帽等，这几种帽子，既能反射阳光，降低头部热度，又可遮光护眼，通风防暑。

圆球帽子

高雅的粉色，给人一种温馨亲切感，小球的装饰，打造出一份可爱气息，时刻散发出小公主一般的甜美感觉。

英伦帽

百搭的黑色，彰显十足的炫酷与时尚气息，带给人一种高贵与气质感。加以红色点缀，瞬间变得明亮起来。

菠萝帽

张扬的大红色，诠释出无尽的潮流与大牌风范。更能带给人一种亲切与温馨的感觉。

玫红色帽子

一款时尚的帽子，给孩子更多的温暖感觉。玫红的颜色非常的流行，简洁中尽显大气。

红色帽子

寒冷的冬季一定要必备一款帽子，无论是时尚的还是可爱的，都能彰显一份潮流与大气。

鸭舌帽

一款休闲风格的帽子，时刻给孩子轻松自然的感觉，单一的色彩，更能彰显简洁风，略带些英文字母元素，增添了一份可爱气息。

包包

包包是每个孩子都必不可少的，出门穿上漂亮的衣服，搭配上一个合适的时尚包包，就像是画龙点睛的一笔，让穿戴者的气质体现得更加淋漓尽致。

小碎花包包

小碎花的元素，简洁而不简单，充满了十足的田园气息。

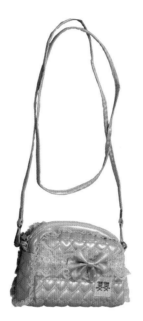

小巧公主包

一款可爱的小包，是搭配时必不可少的元素，甜美的蝴蝶结与优雅的蕾丝，都能彰显出一份时尚与潮流气息。

卡通书包

休闲的小书包，加入卡通元素，极具可爱、活泼、童趣感，无论是上学时还是外出时都非常适合，让孩子们爱不释手。

玫红包包

精致的小皮包，小巧玲珑尽显时尚气息。高雅的玫红色尽显前卫感，让整套的装扮都变得更加亮丽。

第5章

12 星座

孩/子/穿/衣/风/格/大/揭/秘

白羊座孩子穿衣风格
——简单利落

　　各个星座的孩子都有他们独特的个性，那么，你知道不同的星座孩子应该怎样穿吗？

　　爽朗、利落是白羊座与生俱来的性格倾向，所以体现白羊座率直个性最好的服饰风格是简单而直接，白羊座的孩子更适合精炼的中性装扮服饰，而非华丽烦琐的服装。

帅气格子套装

　　↓经典的格子，不仅看上去大方，而且更凸显出了一份小小的时尚感，将整体的轻松随意风格演绎得淋漓尽致。选择一条明亮的黄色裤子，增添几分活泼。黑色的鞋子，既休闲又炫酷，让孩子更好地感受一份舒适与自在。

皇家风范的装扮

　　→明亮的蓝色，能时刻带给孩子更多的好心情。花边的元素，精美而简洁，给人很舒适的视觉效果。搭配一件衬衫，简洁中不失气质感。粉色的长裤，利落、干净，一双蓝色的鞋子与上衣的蓝色相呼应，打造出爽朗的个性。

金牛座孩子穿衣风格
——温婉含蓄

金牛座很重视服饰的品质，圆润线条的衣服能稍稍削弱金牛座固执的个性特征，悬垂性好且布料柔软的服饰也是他们的最佳选择。

绿色毛线裙

中长款的毛衣，温馨而又保暖，精美的设计，无论外穿还是内搭都很漂亮。别致的花边领与甜美的蝴蝶结胸花，打造出一份可爱活泼感，个性的图案，彰显出不凡的潮流感，圆润的线条，柔软、舒适。选择黑色裤子与靴子，提升气质范。

淑女款套装

粉粉的毛衣，蕾丝和蝴蝶结尽显甜美公主范。搭配一条铺满亮钻的裤子与稳重的黑色鞋子，打造出温婉自然的小淑女风格。

甜美款套装

同样的一件毛衣，妈妈给孩子换了一条层层叠叠的蛋糕裙，甜美气质更浓。

双子座孩子穿衣风格
——富有时代感的伶俐轻巧外形

由于双子座好动的习性，紧短或合身的轮廓线才能令他们灵活运动，更显纤巧。

粉红色毛线衫

粉红色的毛衣，粉粉嫩嫩的尽显公主般的气息。独特的领子，增添一份别致的美感。心形的装饰品，可爱、灵动。搭配黑色百搭打底裤与红色的靴子，让整体在视觉上尽显高贵的气息。

清新小美女套装

自然的绿色，给人一种清新的感觉，流行的圆角领，设计出整体的时尚气息，搭配黄色短裙，尽显活泼、可爱、甜美风范，配以漂亮的短袜和鞋子，打造一身轻巧伶俐的风格。

巨蟹座孩子穿衣风格
——宽大、平和、包容性强

巨蟹座的孩子适合较圆润的服装轮廓，不需要太锐利的棱角细节。他们喜欢平和安静的居家感觉，因此宽大的衣服和比正常尺寸大的罩衫能使孩子觉得舒适自在。

简约休闲装

极具时尚感的针织衫，流行而又不会落伍。宽松的板型和圆润的线条，将孩子衬托得更加可爱。精致的堆堆领，彰显潮流感的同时又能让脖子得到足够的呼吸空间。拼接的皮质裙摆，更能体现大气、奢华风范。搭配条纹打底裤和黑色长筒靴，能更好地提升整体的气质。

 甜美小女孩套装

宽松的蝙蝠衫，穿着舒适、自在。不用过多的装饰，胸前偌大的蝴蝶结足以让整体都围绕在甜美的氛围中。搭配上同样带有休闲感的裤子，极具舒适感，无论是居家还是外出玩耍都非常适合。

狮子座孩子穿衣风格
——华丽的皇家风范

绚丽而夸张的华服能令狮子座孩子感到安全而满足。金色的锦缎、大红和橙色的丝绒，或是镶满亮片的刺绣，最好再加上点皮毛镶边。这类皇家贵族的豪华服饰，让多姿多彩的狮子座充分展示风度。

张扬个性的华丽套装

大红的颜色在能满足狮子座欲望的同时，散发出无尽的甜美气息，中长的款式保暖又流行，搭配一条条纹打底裤，增加时尚气息，选择镶钻的黑色长筒靴，华丽又耀眼，能提升整体的气质感。

气质毛绒皮裙

　　格纹镂空设计彰显高端品质，流行的拼接设计，打造出极端的前卫效果，仿皮材质，时尚大气且流行，时刻增添精彩与活力。里面搭配长袖衬衫春秋季穿着更为前卫，冬季可在外面加一件羽绒服，保暖又潮流。

处女座孩子穿衣风格
——经典与完美的化身

　　巧妙裁剪的都市风格服饰让讲究完美的处女座独具个性，太过夸张的服饰最为处女座摒弃，她们钟爱实用性强的基础服饰，灰、绿、粉、深蓝是处女座孩子的最爱。

粉色印花长棉衣

　　简约却不简单的中长款式，独特、个性的领子设计，提升时尚与高雅气质。加入蕾丝与收身设计，更显层次感。精美的图案设计，将童趣感体现至极，明亮的色彩，在寒冷的冬季带来无限温暖。

绿色荷叶边毛衣

　　流行的花边元素，尽显时尚与优美。蝴蝶结的点缀，打造出可爱、甜美、活泼感，亮钻字母尽显奢华、大气风范，无论怎么搭配都很完美，很适合处女座孩子追求完美的心态。

097

天秤座孩子穿衣风格
——温柔、娴雅

纯正天然的质料和平衡的剪裁，才是天秤座孩子的风格，淡淡柔和的混合色彩比强烈的原色更能体现她们柔美的个性。

简洁大气套装

温暖的红色棉衣，能轻松演绎出十足的活力气息，任你想要大气或是优雅，条纹打底裤和靴子都是不错的搭配单品，能轻松塑造出一份气质与优雅。

优雅公主套装

高雅的色彩尽显温柔气息，明亮的紫红色更独具一份时尚感。选择白色毛衣搭配能让棉衣的色彩更加亮丽，一款简洁的靴裤搭配黑色长靴打造出柔美自然的风格。

天蝎座孩子穿衣风格
——绚丽多彩的活泼系列

天蝎座惧怕沉闷和单调的灰黑色系，她们的服饰多是绚丽多彩、充满活泼动感和带着积极上进的色彩，在服饰图案和配饰上也钟情明亮闪烁的设计。

绚丽多彩休闲套装

绿色与黄色搭配在一起是那么的明亮，时刻散发出无限的活力与活泼感。蓝色的裤子，休闲中展现不凡的气质感。搭配一双米色的鞋子，让整体多了份纯真的美感。

邻家小女孩套装

黄色的外套，亮丽而
又跳跃，休闲的版型搭配
一件充满童趣的T恤，更
显童真与天真气息。

大牌小明星套装

同样是黄色的外套，搭
配一条休闲长裤，加上黄色
亮皮的鞋子，活泼动感的色
彩可是让天蝎座孩子十分满
意的哟。

射手座孩子穿衣风格
——矫健的运动风格

　　帅气的运动服是射手座孩子的最爱。功能性强、易打理、色彩亮丽的服装常常会打动她们，而严肃的套装则会令她们感到拘束，浑身不舒服。

炫彩小女孩套装

↓极具创意感的T恤，休闲中不失个性，不规则的字母图案，诠释出整体的张扬与炫酷气息。选择同样休闲的蓝色裤子搭配在一起，彰显一份运动感，黄色的鞋子色彩亮丽，让整套搭配变得更加光彩夺目。

靓丽休闲套装

→这款休闲套装在彰显十足的运动风格的同时，更诠释出它本身的潮流风范。条纹拼接新颖而又流行，张扬而又不过分的夸张，不需要过多的装饰，简单而又精湛的款式，最能彰显运动感。

摩羯座孩子穿衣风格
——一丝不苟，严肃而有条理

摩羯座孩子对服饰的态度是极富有理智的，她们的服饰风格明了、大方，喜欢丰富的纹理，避免太炫耀，也拒绝小家子气的服饰。

街头炫酷女孩套装

炫酷的黑色毛衣，简洁的设计非常的大方。搭配同样黑色的修身裤，诠释出一份别有的气质感，白色的靴子将整体变得更加纯美自然。

温暖冬日套装

亮丽的玖红色卫衣套装，精湛的设计打造出不平凡的品质感。大气的毛领，时刻给人温暖、柔软的感觉。卡通图案的装饰，点缀出一份童真童趣，一条个性的短裤搭配上百搭的黑色打底裤，个性十足，选择黑色长靴能提升整体的气质感。

水瓶座孩子穿衣风格
——紧跟潮流

喜欢创新的水瓶座孩子很容易被新式的服饰所吸引，她们层出不穷的念头也体现在日常穿着上——紧随潮流，甚至创造流行。她们的打扮有时新潮，有时怪诞，她们对时髦的东西总是不遗余力地追求。

豹纹装

豹纹是时尚圈中的流行元素，加在毛衣上更为潮流。蝴蝶结的点缀让毛衣在甜美中透露着时尚气息，整套装扮非常前卫。

水瓶座孩子是一定要将流行穿到每个季节的，天气冷了，却仍然是最潮流的公主。

双鱼座孩子穿衣风格
——轻松、随意的情调

双鱼座的孩子适合没有约束的服装，柔软的布料，宽松的外型，重重叠叠的款式是她们的最爱，太过整齐会让她们浑身不舒服，只有棉制的、麻制的休闲服才能衬出她们悠闲的气质。

紫色堆领毛衣

浪漫的紫色毛衣，总能给人一种高雅的感觉。极具高贵感的披肩，让孩子穿出气质与优雅。精湛的镂空花纹，诠释出不平凡的品质效果。搭配一条百搭的打底裤以及黑色长靴，实用又保暖，让整体更加轻松自在。

小圆点蛋糕裙

可爱的圆点将整体的甜美感体现至极，更能给孩子一份轻松、自然的感觉。4层花边裙摆，重重叠叠，每一层都能彰显出一份优雅。

蕾丝休闲套装

层层叠叠的荷叶边衣领，外套上精
致的蕾丝花边，宽松的休闲裤，每一点
都很符合双鱼座穿衣的要求。

轻松随意的装扮

简单的格子衬衫，搭配同样素色的长裤
和开衫，几乎没有任何多余的装饰，看似漫
不经心的装扮，流露出的却是双鱼座孩子天
生高贵优雅的气质。

第6章
春夏秋冬各不同

妈 / 妈 / 巧 / 应 / 对

春暖花开

春天是个乍暖还寒的季节，虽然有温和的暖阳，有和煦的春风，有冒芽的小树，有嫩绿的小草，还有彩色的小花和盘旋鸣唱的小鸟，但是妈妈们千万不要以为，被厚重衣物包裹了整个寒冬的孩子，也可以马上让身体脱离厚重自由复苏，要知道暖暖的春风也是有寒意的，因此春天里，给孩子穿衣服最好在早晨起床时决定，如果天气没有发生突变，不要轻易给孩子穿脱太多衣服。

黄色圆领蕾丝上衣

跳跃、明亮的黄色最适合春季时穿着。充满活力的黄色给人一种活泼的感觉。搭配上同样明亮的蓝色长裤与红色的鞋子，整体的色彩非常亮丽，打造出春季的一处亮点。

蓝色毛线裙

明亮绚丽的蓝色，如天空一般给人舒适自然的视觉效果，即使是寒冷的天气，也能让人感觉温馨舒适。

仙女上衣

精致的绣花富丝边，层层叠叠的荷叶裙边，这样一件衣服，让人看一眼就难忘。

格子裤

格子裤也能很美，搭配一件仙女上衣，再配上一双柠檬黄的亮皮鞋子，比美丽，谁能比得过我呢。

快乐小仙女套装

啊啊，传说中的仙女驾到啦，挥一挥我的小魔棒，快乐仙女就是我！

小猫线衣

初春的天气还有一点寒冷，那么，毛衣就是孩子们必备的，这件毛衣有着可爱的卡通图案，彰显出一份童趣，拼接的袖子设计，更具个性气息。

格子腰带牛仔裤

纯色的牛仔裤，简单而又大气的风格，很百搭。

笑脸靴子

再搭配上一双有大大笑脸的靴子，与小猫线衣呼应，亲和力十足。

夏季来临

　　炎炎夏日将至，伴随着气温的逐日爬升，孩子身上的衣服也在逐渐减少。为了让家中的孩子过个凉爽舒适的夏季，夏季穿的衣服，衣料应柔软、轻便，可选用棉布、麻布或丝纺织品，这些衣料有利于孩子排汗。

圆点连衣裙

　　优雅的荷叶边，打造出一份气质与高贵感。明亮的玫红色腰带，让整体更加有型，蓬松的裙摆，尽显凉爽飘逸感。

红色无袖背心

　　夏季必不可少的一定要数背心了，无袖的设计，给孩子更多凉爽的感觉。创意的英文字母，时尚中透着个性。选择短裤与背心搭配会让整体更加时尚。

V 领背心

　　V 领下面的 3 颗扣子，装饰得恰到好处，非常的精致，胸前个性的英文字母给整体增加了不少的色彩，无袖设计，打造出更多的凉爽感觉。

休闲条纹短裤

　　凉爽的背心怎能少了短裤的同行，这条简单的条纹短裤，实用的口袋起到很好的装饰效果，腰间两侧的拉链，体现出时尚气息，夏季穿着凉爽宜人，非常炫酷。

字母T恤

  色彩的魅力是无限的，而这款融合了时尚元素的T恤，蓬肩的设计在不经意间彰显出了女孩本有的气质感，胸前颜色艳丽的图案就像是雨后的彩虹，挂在蔚蓝蔚蓝的天空中，这种美景让人心旷神怡，忘记了夏季的灼热。无论是搭配短裤还是中裤，都能彰显轻松利落风范。

小女孩T恤

  优雅时尚的荷叶边袖口，时刻彰显着衣服的气质与前卫感。可爱甜美的卡通女孩图案，清新自然诠释出一份田园的风格。

玫红色短裤

  闪闪的亮钻十分抢眼，花边的设计尽显小女孩的甜蜜可爱，这两款白色T恤，搭配这条糖果色的小短裤，无论是去逛街还是去海边游玩，都是不错的选择。

绿色娃娃衫

专为夏季而设计的简洁款，淡淡的色调，尽显高雅。褶皱的元素，让简洁的板型多了份个性与潮流范。宽松的板型以及纯棉的面料，都能彰显衣服的舒适性。只要搭配一款中裤，既凉爽又轻松。

蓝色发卡

发卡当然是必不可少的，瞧，戴上这款发卡，小公主翩翩而至了。

白色花边打底裤

有了一件可爱的娃娃衫，当然要搭配一条美美的打底裤，让孩子无论走到哪里都是最可爱的小明星。

小兔连衣裙

简单的黑白配是永远的经典色，可爱的小兔图案，彰显了小女孩的可爱，为了不单调，在裙子中加入了波点元素，蕾丝花边更是体现了小女孩的甜美。

两色蓬蓬裙

白色与粉色的拼接，让连衣裙充满了可爱气息，腰间的装饰打造出一份甜美感觉，蓬松的裙摆，更有种小公主般的气质感，美丽无限。

白色百褶裙

一款学院风格的连衣裙，别致的领子简洁大方，双排扣以及两个小口袋，都起到了完美的装饰效果，点缀出一份优雅、甜美的学院风格。

花朵蕾丝裙

圆领的设计，加入蕾丝花边点缀，看上去更加高雅，甜美的花朵，更显可爱气息。大大的裙摆，飘逸着无尽的凉爽感觉。加入格子元素让衣服更加简洁大方。

金秋季节

秋季是一个冷暖交替的季节，可根据天气冷暖的变化，在衬衣的外面适当增加厚绒布衣服、毛织上衣、针织衫或大衣等。

大红时钟毛衣

宽松的板型，带给孩子更多的舒适与自如，流行的堆堆领打造出新颖、前卫的气质感。

黄色卫衣

无与伦比的休闲效果，融入了民族风格的图案，复杂优美的花纹在袖子、口袋与帽子处释放着它的独特，明亮唯美的色彩描绘出童年的活力与精彩。

条纹 T 恤

内搭一件英伦的条纹 T 恤，简单大方不累赘，带给孩子更多的舒适感。

方格长裤

搭配这条经典的格子长裤，整体时尚感更浓，裤脚处人性化的松紧设计，不仅穿着方便更彰显出一份小小的休闲感，整套搭配既保暖又自然。

妈妈提示：目前市面上的卫衣面料品种繁多，卫衣的面料一定要选择好的，这样才能让孩子穿着感觉更舒适。

卡通连帽卫衣

阳光般的色彩，给孩子一种温暖的感觉。象征着快乐的卡通图案，让孩子尽情释放天真、烂漫、可爱的天性，个性张扬的拉链设计，在彰显前卫的同时又不失童趣。

金属拉链长裤

简单的素色长裤，在裤子口袋的位置添加了金属拉链，大气时尚感立刻显现，搭配这样一条长裤，则让整体更加轻松随意。

粉色风衣

衣服和袖子上的独特珍珠设计都体现着复古的感觉，而蕾丝与亮钻的装饰，又体现着现代时尚大牌的风范，穿上这件风衣，必然会让孩子在人群中引人注目。

黑白连衣裙

泡泡袖的连衣裙，又加入了蕾丝点缀，既淑女又很有气质。

蓝色亮钻裤子

裤腿上大面积的珍珠点缀，使得整体变得多姿多彩，呈现出大牌范，彰显奢华高雅的气息。

清新小淑女

粉色的风衣，内搭黑白条纹的连衣裙，配一条蓝色的裤子，整套搭配显得十分和谐，再穿上一双毛茸茸的鞋子，不俗的同时又给人清新淡雅的感觉。

公主的出行装

这套衣服适合在深秋或者是初冬乍暖还寒的时候穿着，大气的马甲，搭配闪闪的亮钻裤子，低调而又奢华。

假两件套

很学院风的一款衣服，高领和蕾丝的设计很有气质，而小圆点的设计又显得很活泼，表现出了孩子天真活泼的个性。

毛绒马甲

百搭款的马甲，时尚而张扬的领口，在温暖的同时展现出潮流与大气的感觉。

黑色垮裤

流行的混搭潮人

简单的马甲，搭配同样简单的高领毛衣，因为这条扎染的亮钻装饰裤子而潮味十足，加上脚上亮色的毛绒鞋子，让孩子立刻变身时尚潮人。

打底毛衣

高领毛衣可以更好地保暖，胸前烫钻的格子图案，很好地提升了毛衣的时尚度，时刻呈现出奢华大气的效果。

扎染亮钻长裤

流行的扎染元素，打造出前卫感，只加以亮钻点缀，瞬间让整体变得亮丽起来。

寒冬到来

冬日的阳光女孩

明媚的黄色让冬季更加灿烂，阳光般的色彩能让孩子变得更加活泼开朗，一款百搭的打底裤和靴子，美丽又实用，整套搭配跳跃而又不夸张，时尚且有气质。

冬天，天气转冷，在穿衣的整体要求上，要给孩子穿着柔软、舒适的纯棉内衣，厚质T恤及棉质长裤。如果十分寒冷，可改穿纯棉针织内衣加毛衣。冬季到室外活动所穿的衣服，保温性能要好，应防止纽扣、领口和袖口进凉气，柔和、轻盈的材质会让孩子感觉到更轻松、舒适。

黑色棉衣

中长的款式不仅保暖性强且更加流行，只要搭配一条加厚打底裤或长裤就能衬托出棉衣本身的气质风范。

菱形格子长裤

炫酷的黑色裤子略带些休闲与动感，穿着非常轻松舒适。

大翻领漫画棉衣

跳跃的色彩时尚而不夸张，始终给人一种亲切自然和温暖的感觉。用唯美的漫画形式，描绘出童年的天真烂漫，打破传统的设计理念，创造出新颖而具有创造力的视觉盛宴。

绿色毛领棉衣

极具大牌感的毛领，时刻彰显出高档的感觉。金色扣子的点缀，时尚而又大气，装饰出不凡的品质感。腰带的设计，提升保暖性与修身性。搭配保暖打底裤，时尚而又流行，搭配长裤则显得轻松自由。

假两件黄色棉衣

明亮的色彩，演绎出跳跃的美感，假两件套的拼接设计更加别致。休闲的帽子，完美展现出活力度，加入亮钻点缀，犹如天空的小星星，眨着眼睛诉说着童年精彩的故事。

气质小淑女

毛绒绒的衣领，设计得新颖独特，呈现出大气、高雅、前卫的视觉效果。中长的款式不仅保暖性强且更加流行，只要搭配一条加厚打底裤或长裤就能衬托出棉衣本身的气质风范。

第 1 章
实用小知识
妈 / 妈 / 须 / 知 / 道

天气在变化，
孩子要穿对

　　天气一年四季都在不停地变化，气温也在从早到晚不停地转变，所以温差时时都存在。孩子娇嫩柔弱的身体当然抵挡不住自然天气的折腾，亲爱的妈妈应该要对温差问题引起重视了，随时给孩子准备一件保暖外套，预防感冒侵袭！

冬日保暖必备装

　　暖暖的棉衣当然是抵挡低温所必备的衣服，内搭一件非常气质的堆领长款毛衣，如果天气稍微热一点，脱掉外面的棉衣，只穿着里面的毛衣也是很漂亮的，妈妈也不用担心保暖和美丽不能并存的问题了。

应对温差衣物准备要点

在温差变化很大的季节，衣服的厚薄程度对于孩子来说也是非常重要的。

给孩子穿多少衣服最好在早晨起床时决定，多穿一件马甲是不错的选择。也可以试着与孩子穿一样厚薄的衣服，静坐时不感到冷，孩子就不会冷。

妈妈还可以根据天气预报、实际的气温变化和感觉，有计划地给孩子增加衣服，以孩子不出汗，手脚不凉为标准。穿得过多，不但会影响他们自身耐寒锻炼，还会让孩子更容易患上感冒等疾病。正常情况下，孩子的体温一般会比老年人和成年人高，那些不会走路、抱在怀中的孩子能够接受妈咪的体温。大一些的孩子自身活动增多，并不觉得冷。如果活动量很大，穿得太多会使孩子一动就出汗，若不能及时擦干，换上干爽的衣服，孩子更容易着凉生病。

粉色风衣

风衣，是提升整体气质不可缺少的单品。无论搭配打底裤还是长裤，都能轻松演绎风衣的时尚和前卫。

127

薄款

　　一件简约款的高领毛衣，搭配同样带有亮钻的蛋糕裙，适合天气稍暖的初春天气穿着。

厚款

　　在薄款毛衣的基础上添加一件时尚的的毛绒马甲，张扬而又保暖，天气稍凉也不怕。

在户外别忘记带薄外套

爸爸妈妈若要和孩子一起出门，别忘了外出时一定得带上外套，即使只是前往距离很近的地方，也要经过短暂的户外道路，此时更应给孩子做好防风保暖的工作。

田园小碎花外套

春季多以田园风为主，清新的碎花元素与大自然的花草相融，无比的温馨自然。一件田园外套，让这个季节变得更温暖！

穿衣法则

应对温差穿衣法也有几个需要掌握的原则，父母们一定要牢记。

首先是及时加减原则。

春秋季节除了早晚温差大以外，室内外也有一定的温差，这时细心的妈妈们就需要根据温差的变化及时为孩子添加或减少衣服。如：在炎热的户外，孩子穿着过多会大量出汗，汗水挥发不及时容易引发痱子等皮肤病，这时，不要因为孩子年纪还小，抵抗力弱，就舍不得给孩子减衣服。

由于夏季早晚一般比较凉爽，孩子皮肤对温差变化的适应能力较弱，所以早晚外出时妈妈们要记得替孩子披上一件薄外套，以免着凉。一般来说夏季穿着单衣即可，衣物应该是宽松、柔软的，衣料以轻薄、透气性强的全棉类为佳。

其次是局部加减原则。

春夏过渡期，妈妈们在减少孩子穿衣量时要注意循序渐进地减，从长袖减到短袖再减少到无袖，让孩子娇嫩的肌肤有一个适应期，千万不能因为天气过热就把衣服一下子脱光。另外，因为孩子的肌肤比成人更加敏感，妈妈们在减少整体穿衣量的同时，在一些重要部位反而要给孩子增加衣物。比如，夏季带孩子外出活动时，妈妈们需要为孩子加上一顶宽沿的遮阳帽，罩上一件浅色长袖薄衫，以避免被阳光晒伤。

回家后
不急着脱外套

　　一般，小孩子皮下脂肪较薄，且中枢调控体温的机制较不成熟，加上基础代谢率较高，所以小孩子很容易汗流满身，也很容易着凉，所以穿脱衣服可是门很大的学问。

　　从外面回家后，先别急着给孩子脱外套，室外的温度与室内的温度有温差，一下子脱掉，可能会在进门后着凉。因此要先适应室内温度，根据孩子的活动量再决定给孩子脱外套。

购买衣物前
必须了解的小细节

如何检查童装质量

1. 贴身衣服最好是以纯棉为主，不刺激孩子皮肤。

2. 儿童服装的主要表面部位有无明显瑕疵，这是比较直观的，一般人在购买的时候都会注意到这点。

3. 查看儿童服装的各对称部位是否一致。儿童服装上的对称部位很多，可将左右两部分合拢检查各对称部位是否准确。比如从袖口大小和左右两袖长短、袋盖宽狭长短、袋位高低进出及省道长短等来逐项进行对比。

4. 儿童喜欢将衣服等物放在嘴里吸咬，色牢度的检测就很重要了。

5. 注意儿童服装上各种饰物和辅料的质地，如纽扣是否牢固，拉链是否滑爽，四合扣是否松紧适宜等。要特别注意各种纽扣或装饰件的牢度，以免被孩子吞到肚里。

6. 衣服上是否有很尖很利的装饰物，装饰物是否会对孩子造成伤害。

服装号型标识

号型标识就是服装规格代号,与孩子们自身的身高和肥瘦相匹配,只有选择合适号型规格的服装,才可能穿着合适。号与型之间用斜线分开,如上衣140/64,表示适合高140cm、胸围64cm左右的儿童穿着。

怎样才能为孩子选择一件合体的童装呢?便捷的方法是让孩子直接试穿或进行精确测量,但是如果孩子不在场或无法测量时,只知道孩子的身高要怎样才可以通过计算选择合体的儿童服装呢?

一般情况下,儿童服装型号与尺寸的对应关系如下:

大童:XL:58~60cm;

中童:XL:50cm;

中小童:XL:45cm;

小童:XL:35cm。

一般来说儿童的体高占总身高的80%,头部约占总身高的20%,为儿童选择服装时,通常以体高为标准。

女童连衣裙长约等于体高的78%;

儿童长裤长约等于体高的75%,儿童短裤长约等于体高的30%;

儿童长大衣长约等于体高的70%,儿童西装长约等于体高的53%,儿童衬衫长约等于体高的50%;

儿童夹克衫长约等于体高的49%。

商标

商标和中文厂名厂址

制造商只有明确地标注了商标和厂名厂址，才确立了其对该产品负责的义务。无商标和中文厂名厂址的产品，极有可能是非正规厂家生产的产品或假冒产品，价格一般较低，消费者很容易上当受骗，切忌不要选择这类产品。

成分标识

主要是指服装的面料和里料的成分标识，各种纤维含量百分比应清晰、正确，有填充料的服装还应标明其中填充料的成分和含量。

洗涤标识的图形符号及说明

一般制造商根据选用的面料，会相应地标注服装的洗涤要求和保养方法，消费者可依据厂方提供的洗涤和保养方法进行洗涤和保养，如出现质量问题，厂方应承担责任。反之，如消费者未按照制造商明示的方法进行洗涤而出现问题，消费者应自负责任。

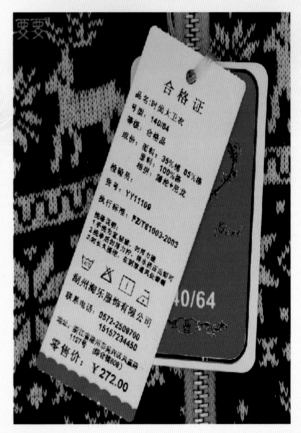

标签

怎样保管、洗涤孩子的衣物

1. 如何提防衣物产生的静电

在干燥的春季，如何避免静电危害？专家为大家支了几招：首先，室内空气要保持一定的湿度，适当养些盆栽花草。二是对家用电器，如电视机、空调机等应接地线，最好不要用化纤材料的地毯。看完电视、用完电脑后要洗手、洗脸。三是建议给老人、小孩选择柔软、光滑的纯棉或丝制衣裤，以减少静电对身体的不良刺激！

2. 如何提防衣物变形

不同质地的衣物需要有不同的处理方法，全棉衣物也需柔顺护理，才能保证持久不变形。对于变硬变僵的衣服，通过添加衣物护理剂会让它们分外柔顺，这是妈妈们值得借鉴的。谨记！要让孩子穿得舒适，而不要让孩子迁就衣物！

3. 如何提防衣物上看不见的大量细菌

父母们总是希望孩子穿得漂亮活泼，妈妈们总是热衷于为孩子添置新衣，但是，一件衣服买回家之前，你知道它要经过多少人的手吗？

让我们一起来粗略地算一算吧！制作一件成衣需要经过剪裁、缝制、熨烫、检验、包装、运输等环节，一个流水线下来，衣服经过很多个人的手，也沾上了无数的细菌。对于抵抗能力相对还较差的孩子来说，这些细菌将有极大可能造成皮肤问题，严重的甚至还可能引起腹泻或伤口感染。

孩子娇嫩的肌肤，决定了他们的衣物应该特殊对待，在此，专家提醒家长们：孩子的衣物应单独洗护，同时，对于新购买的孩子衣物必须单独洗涤，充分护理后才能让孩子穿上。

4. 如何让衣物恢复亮丽

衣服穿过以后，往往会出现变旧变差的问题，那么，妈妈们该怎么办呢？首先我们要了解衣服变化的原因，然后再去处理。

①衣物经洗涤后变得僵硬。这是因为衣物经过洗涤后，其中的纤维纠结在一起造成的。僵硬的衣物不仅失去了原本的质感，其粗糙的表面与孩子皮肤长时间接触摩擦会让孩子很不舒服。在最后一遍漂洗衣物时可以添加一些专用的衣物护理剂，可以"理顺"衣物纤维，让其恢复柔软触感。另外，妈妈们还要记得经常把孩子的衣物拿出来晒晒太阳，阳光中的紫外线能起到一定的杀菌作用，而且经过阳光的"洗礼"，衣服会变的松松软软的，孩子穿起来就更加舒适了。

②衣服会变黄，多半是荧光剂变弱所致，想要衣物恢复洁白亮丽，就得想法子。

洗米水＋橘子皮简单又有效。

保留洗米水或是将橘子皮放入锅内加水烧煮后，将泛黄的衣服浸泡其中搓洗就可以轻松让衣服恢复洁白。这种方法不但简单，也不会像市面贩售的荧光增白剂会对皮肤产生副作用且伤衣料，是值得一试的好方法。

③流汗产生的黄渍，用氨水去除。

流汗产生的汗渍，因为含有脂肪的汗液，容易在布质纤维内凝结，所以在洗涤时加入约2汤匙的氨水，浸泡几分钟后，搓洗一下，然后用清水洗净，按照一般的洗衣程序处理，就可以将黄黄的汗渍去除！

洗衣小窍门集锦

1. 清洗白衣、白袜

白色衣物上的顽渍很难根除，可以取一个柠檬切片煮水后把白色衣物放到水中浸泡，大约 15 分钟后清洗即可。

2. 清洗衣物的怪味

有时衣物因晾晒不得当，会出现难闻的汗酸味，取白醋与水混合，浸泡有味道的衣服大约 5 分钟，然后把衣服在通风处晾干就可以了！

3. 对付衣服上的笔印

首先将酒精倒在衣服上自来水笔的划痕上，每一道划痕上都要均匀地覆盖上酒精，酒精要选用浓度不小于 75% 的医药用酒精。把衣服上倒了酒精的这一面向上放，尽量不要接触衣服的其他面，否则钢笔或者圆珠笔的印记颜色有可能会染到衣服的其他部分。

然后用普通的洗脸盆，准备好大半盆水，接下来将满满两瓶盖的漂白水倒在清水中，注意一定要是满满两瓶盖才行。倒好之后稍作搅拌，最后再加少许的洗衣粉，这个量你可以自己掌握，之后也稍作搅拌，让洗衣粉能充分溶于水中。好了，现在将衣服完全浸泡在水里，时间是 20 分钟。等时间到了，清洗衣服，一点印记也没有了！

如果是圆珠笔痕迹而且痕迹较重，用上述方法后如果还有痕迹，只需要用牙膏加肥皂轻轻洗净，再用清水冲净（严禁用开水泡）。

衣物沾到圆珠笔痕迹还有一个解决办法，那就是别急着把衣服下水，而是先用汽油洗一洗沾到的部分再洗。

4. 清洗衣服上的酱油渍

办法一：需要用到白糖。

首先把沾上污渍的地方用水浸湿，然后再撒上一勺白糖，用手抹开，我们可以看到一部分酱油渍已经沾到了白糖上，然后用水清洗，可除去污渍。

办法二：需要用到苏打粉。

将衣服浸湿后，在沾有酱油渍的地方涂上苏打粉，10分钟后用清水洗净，即可除掉酱油渍。

5. 清理衣服上的油漆

衣服上蹭到油漆该怎么办呢？方法就是把清凉油抹到沾有油漆的部位，因为清凉油里所含的物质可溶解油漆，之后再冲洗干净即可。若沾上水溶性漆（如水溶漆、乳胶漆）及家用内墙涂料，及时用水一洗即掉。若尼龙织物被油漆沾污，可先涂上猪油，然后用洗涤剂浸洗，清水漂净。

6. 清洗草渍

你需要准备100g食盐，另外你还需要准备1000g清水。把盐和水倒入容器中，用手搅匀，将沾有草渍的衣服放入盆中，在盐水中泡10分钟。将衣服放在水中清洗，这时你会发现，轻轻松松就可以把顽固的草渍洗掉了。

7. 清洗染色衣物

在洗衣机里放入温水，加入84消毒液，半缸水加大约1/3瓶消毒液溶解稀释，放入衣服，盖上机盖，漂洗大约25分钟，之后捞出衣物，衣服晾干后，就回复原来的颜色了。

如果想避免衣服不掉色，刚买回来的新衣，必须在盐水里浸泡，洗后要马上用清水漂洗干净，记得不要泡太久！最后，不要在阳光下暴晒，阳光会使染料变性的，应放在阴凉通风处晾干。

8. 清洗血迹

①刚沾染上时，应立即用冷水或淡盐水洗（禁用热水，因血内含蛋白质，遇热会凝固，不易溶化），再用肥皂或10%的碘化钾溶液清洗；

②用白萝卜汁或捣碎的胡萝卜拌盐皆可除去衣物上的血迹；

③用加酶洗衣粉除去血渍，效果甚佳；

④若沾污时间较长，可用10%的氨水或3%的双氧水揩拭污处，过一会儿，再用冷水强洗。如仍不干净，再用10%~15%的草酸溶液洗涤，最后用清水漂洗干净。无论是新迹还是陈迹，均可用硫磺皂清洗。

⑤用搽手油涂抹在血迹上，停留15分钟左右的时间，再用清水肥皂清洗即可。

9. 轻松洗掉衣物上的霉点

空气潮湿或换季的时候，洗过的衣服很容易长霉点，特别是白色的衣服，一旦长上霉点是很郁闷的事情。没关系，对付这些霉点也有很多的方法。

①绿豆芽，把嫩嫩的绿豆芽放在霉点上，双手使劲搓揉，最后再用水清洗，哈哈，就这么简单，问题迎刃而解；

②衣物上的霉斑可先在日光下暴晒，后用刷子清霉毛，再用酒精洗除；

③把被霉斑污染的衣服放入浓肥皂水中浸透后，带着皂水取出，置阳光下晒一会，反复晾晒几次，待霉斑清除后，再用清水漂净；

④丝绸衣物可用柠檬酸洗涤，后用冷水漂洗；

⑤麻织物的霉渍，可用氯化钙溶液进行清洗；

⑥毛织品上的污渍还可用芥末溶液或硼砂溶液（一桶水中加芥末二汤匙或硼砂二汤匙）清洗，用2%的肥皂酒精溶液（250g酒精内加一把软皂片、搅拌均匀）擦拭，然后用漂白剂3%~5%的次氯酸钠或用双氧水擦拭，最后再洗涤。这种方法限用于白色衣物，陈迹可在溶液中浸泡1小时。

10. 清洗果汁印

①新渍可用浓盐水揩拭污处，或立即把食盐撒在污处，用手轻搓，然后用水润湿后浸入洗涤剂溶液中洗净，也可用温水搓肥皂强力洗除。

②重迹及陈迹清除后，可先用5%的氨水中和果汁中的有机酸，然后再用洗涤剂清洗。

③如织物为白色的，可在3%的双氧水里加入几滴氨水，用棉球或布块蘸此溶液将沾污处润湿，再用干净布揩擦、阴干。

④对桃汁迹，因其中含有高价铁，所以可用草酸溶液除之。

⑤对柿子渍，立即用葡萄酒加浓盐水揉搓，再用洗涤剂溶液清洗，清水漂净；

⑥番茄酱可先刮去干迹，用温洗涤剂清洗。

⑦果酱可用水润湿后拿洗发水刷洗，再用肥皂水洗，最后清水冲净。